最强大脑

数学预备课

3 图形真好玩

杨易 著

中国妇女出版社

图书在版编目（CIP）数据

最强大脑数学预备课. 3，图形真好玩 / 杨易著. ——
北京 ：中国妇女出版社，2021.10
ISBN 978-7-5127-1981-1

Ⅰ.①最… Ⅱ.①杨… Ⅲ.①数学－儿童读物 Ⅳ.
①O1-49

中国版本图书馆CIP数据核字（2021）第082951号

最强大脑数学预备课 3——图形真好玩

作　　者：杨 易 著
项目统筹：门 莹
责任编辑：陈经慧
封面设计：天之赋设计室
责任印制：王卫东
出版发行：中国妇女出版社
地　　址：北京市东城区史家胡同甲24号　　邮政编码：100010
电　　话：（010）65133160（发行部）　65133161（邮购）
网　　址：www.womenbooks.cn
法律顾问：北京市道可特律师事务所
经　　销：各地新华书店
印　　刷：北京中科印刷有限公司
开　　本：150×215　1/16
印　　张：7.25
字　　数：75千字
版　　次：2021年10月第1版
印　　次：2021年10月第1次
书　　号：ISBN 978-7-5127-1981-1
定　　价：199.00元（全五册）

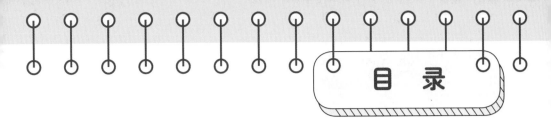

目 录

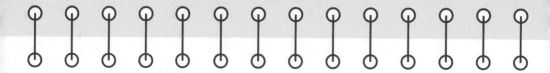

第 **1** 天 认识正方形

___月
___日

脑王课堂

 脑王！脑王！今天我们学什么新知识呢？

 从今天开始，我们一起和有趣的图形做朋友吧！我先来介绍一下正方形。

 正方形长什么样？

 正方形有四条边和四个角，四条边都一样长，四个角也一样大，是不是又正又方呢？

示例：

试一试 请圈出下列各组习题中的正方形。

第一组：

第二组：

第三组：

第四组：

第五组：

复习

 小朋友，试着画几个大小不同的正方形吧！

学习打卡

你今天学习花了多少时间？
（家长帮忙计时）

 A.不到5分钟　　 B.5~10分钟　　 C.10分钟以上

你今天练习全做对了吗？

 A.全对　　 B.仅错一处　　 C.错误较多

小朋友，明天我们还要继续学习并打卡！

今天能得几颗星？把星星涂上你喜欢的颜色，来给自己打分吧！

★★★★★

脑王课堂

 脑王！脑王！我已经认识正方形了，今天还有什么新玩法吗？

很好！今天我们来画一画正方形。

 有什么要求吗？

观察这些不完整的图形，把它们补成正方形吧！

示例：

✏ **试一试** 请将下列习题中的正方形补画完整。

第一组：

第二组：

第三组：

小朋友，你都画对了吗？正方形有四条边，试着用直尺辅助，把正方形画得漂亮些吧！

学习打卡

你今天学习花了多少时间？
（家长帮忙计时）

A. 不到 5 分钟 　　B. 5~10 分钟 　　C. 10 分钟以上

你今天练习全做对了吗？

A. 全对 　　B. 仅错一处 　　C. 错误较多

小朋友，明天我们还要继续学习并打卡！

今天能得几颗星？把星星涂上你喜欢的颜色，来给自己打分吧！

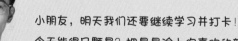

第 **3** 天 涂正方形

———— 月
———— 日

脑王课堂

 脑王！脑王！今天我们玩什么图形游戏？

 今天我们玩找正方形的游戏。

 怎么找呀？

 很简单，找出我们日常生活中看到的正方形，给它们涂上颜色就可以了。

示例：

试一试 请将下面图中的正方形涂上自己喜欢的颜色。

复习

小朋友，请自己画一些正方形，并涂上不同颜色吧！

脑王课堂

 脑王！脑王！今天我们玩什么图形游戏？

正方形大家都认识了吧？今天带大家认识正方形的好朋友——长方形。

 长方形和正方形的名字很像呀！

不仅名字像，它们的外形也很像，只不过长方形只需相对的边长度一样长，相邻的边长度可以不一样。

示例：

 请圈出下列各组习题中的长方形。

第一组：

第二组：

第三组：

第四组：

第五组：

小朋友，你都圈对了吗？试着在下面画一画长方形吧！

学习打卡

你今天学习花了多少时间？
（家长帮忙计时）

 A.不到5分钟　　 B.5~10分钟　　 C.10分钟以上

你今天练习全做对了吗？

 A.全对　　 B.仅错一处　　 C.错误较多

 小朋友，明天我们还要继续学习并打卡！

今天能得几颗星？把星星涂上你喜欢的颜色，来给自己打分吧！

★ ★ ★ ★ ★

第 **5** 天 画长方形

_____ 月

_____ 日

 脑王！脑王！长方形我已经认识了，接下来是不是要学画长方形了？

 猜对了！今天我们就来画一画长方形。先观察，再把长方形补画完整。

示例：

试一试 请将下列各组习题中的长方形补画完整。

第一组：

第二组：

第三组：

009

复习

小朋友，你都画对了吗？长方形的四条边也都是直的，用直尺画出一些大小不同的长方形吧！

第 **6** 天 涂长方形

_____ 月
_____ 日

脑王课堂

 脑王！脑王！今天我们玩什么图形游戏？

找出长方形，并给它们涂上颜色。告诉你一个秘密，其实正方形也是一种特殊的长方形，只不过在本书的练习中，小朋友们可以先不用考虑这一点。

示例：

 请将下面图中的长方形涂上自己喜欢的颜色。

复习

小朋友，你都画对了吗？试着画出正方形和长方形，并给它们涂上颜色吧！

学习打卡

你今天学习花了多少时间？
（家长帮忙计时）

A. 不到 5 分钟　　B. 5~10 分钟　　C. 10 分钟以上

你今天练习全做对了吗？

A: 全对　　B. 仅错一处　　C. 错误较多

小朋友，明天我们还要继续学习并打卡！

今天能得几颗星？把星星涂上你喜欢的颜色，来给自己打分吧！

★★★★★

第 **7** 天　小脑王测试①

脑王测试

 脑王！脑王！今天有什么新挑战？

今天我出一些题目考考你，如何？

 好呀，我已经准备好了，随时接受挑战！

试一试　请按照要求做题。

（1）请将下图中的正方形圈出来。

（4）请将下图中的长方形圈出来。

（2）请把下图中的正方形补画完整。

（5）请把下图中的长方形补画完整。

（3）找出下面图中的正方形，并涂一涂。

（6）找出下面图中的长方形，并涂一涂。

小朋友，你都答对了吗？如果有错题，请在下方改正。

总结

你今天学习花了多少时间？
（家长帮忙计时）

A.不到 5 分钟　　B.5~10 分钟　　C.10 分钟以上

你今天练习全做对了吗？

A.全对　　B.仅错一处　　C.错误较多

 小朋友，明天我们还要继续学习并打卡！

今天能得几颗星？把星星涂上你喜欢的颜色，来给自己打分吧！

★ ★ ★ ★ ★

评级证书

一级

（图形真好玩）

————— 同学：

　　祝贺你在"图形真好玩1～7天"学习

中，坚持练习并且通过了测试！

　　请你以"小脑王"为目标，继续努力！

　　　　　　　　　　　年　　　月　　　日

数学评测官　　　杨易

脑王课堂

 脑王！脑王！今天我们玩什么游戏？

今天我们来认识三角形。

 三角形有什么特点？

三角形有三条边和三个角。看看下面这些圈出来的三角形吧！

示例：

试一试　请圈出下列各组习题中的三角形。

第一组：

第二组：

第三组：

第四组：

第五组：

小朋友，你都圈对了吗？你能画出三个不同大小的三角形吗？快来试一试吧！

学习打卡

你今天学习花了多少时间？
（家长帮忙计时）

A. 不到 5 分钟　　B. 5~10 分钟　　C. 10 分钟以上

你今天练习全做对了吗？

A. 全对　　B. 仅错一处　　C. 错误较多

小朋友，明天我们还要继续学习并打卡！

今天能得几颗星？把星星涂上你喜欢的颜色，来给自己打分吧！

★ ★ ★ ★ ★

 第 **9** 天 **画三角形**

_____月

_____日

脑王课堂

 脑王！脑王！今天我们学什么？

今天我们来画一画三角形。将下面的三角形补画完整。

示例：

试一试 请补画出完整的三角形。

第一组：

第二组：

第三组：

小朋友，你都画对了吗？继续画一画，练一练。

复习

学习打卡

你今天学习花了多少时间？
（家长帮忙计时）

A. 不到 5 分钟　　B. 5~10 分钟　　C. 10 分钟以上

你今天练习全做对了吗？

 B. C.

A. 全对　　B. 仅错一处　　C. 错误较多

 小朋友，明天我们还要继续学习并打卡！

今天能得几颗星？把星星涂上你喜欢的颜色，来给自己打分吧！

★★★★★

脑王课堂

 脑王！脑王！今天我们玩什么数学游戏？

今天我们来找三角形，并给它们涂上颜色。

示例：

✏️ **试一试** 请将下面图中的三角形涂上自己喜欢的颜色。

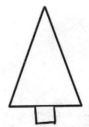

小朋友，你都涂对了吗？你能用三角形画出一组图画吗？试一试。

学习打卡

你今天学习花了多少时间？
（家长帮忙计时）

A. 不到 5 分钟   B. 5~10 分钟   C. 10 分钟以上

你今天练习全做对了吗？

A. 全对   B. 仅错一处   C. 错误较多

小朋友，明天我们还要继续学习并打卡！

今天能得几颗星？把星星涂上你喜欢的颜色，来给自己打分吧！

★ ★ ★ ★ ★

脑王测试

 脑王！脑王！今天有什么数学新挑战？

今天做闯关挑战，我出一些题目考考你，如何？

 好呀，我已经准备好了，随时接受挑战！

✏️ **试一试** 请按照要求做题。

(1) 请将下图中的三角形圈出来。

(2) 请将下图补画成完整的三角形。

(3) 找出下面图中的三角形，并涂一涂。

小朋友，你都答对了吗？如果有错题，请在下方改正。

学习打卡

你今天学习花了多少时间？
（家长帮忙计时）

A. 不到 5 分钟　　B.5~10 分钟　　C.10 分钟以上

你今天练习全做对了吗？

A. 全对　　B. 仅错一处　　C. 错误较多

小朋友，明天我们还要继续学习并打卡！

今天能得几颗星？把星星涂上你喜欢的颜色，来给自己打分吧！

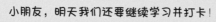

评级证书

二级

（图形真好玩）

_____ 同学：

祝贺你在"图形真好玩8～11天"学习

中，坚持练习并且通过了测试！

请你以"小脑王"为目标，继续努力！

年　　月　　日

数学评测官　　杨易

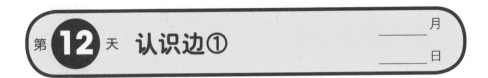

第 **12** 天 认识边①

_____ 月

_____ 日

脑王课堂

脑王！脑王！今天我们玩什么数学游戏啊？

今天我们要来认识边。按照下面示例的方法，数一数下面的图形各有几条边吧！

示例：

(1) (2)
(3)

(2)
(1) (3)
(4)

✏️ **试一试** 数一数下面不同的图形各有几条边。

 是五边形， 是六边形。

( ) ( )
( ) 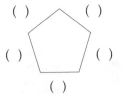 ( )
( )

( )
( ) 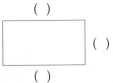 ( )
( )

( ) 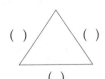 ( )
( )

( )
( ) 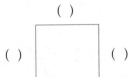 ( )
( )

( )
( ) 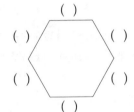 ( )
( )

( ) 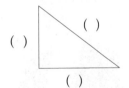 ( )
( )

小朋友，你都数对了吗？继续画一画，数一数。

学习打卡

你今天学习花了多少时间？
（家长帮忙计时）

A. 不到 5 分钟　　B. 5~10 分钟　　C. 10 分钟以上

你今天练习全做对了吗？

A. 全对　　B. 仅错一处　　C. 错误较多

小朋友，明天我们还要继续学习并打卡！

今天能得几颗星？把星星涂上你喜欢的颜色，来给自己打分吧！

脑王课堂

 脑王！脑王！今天我们做什么好玩的数学游戏？

 快来数数下列哪个图形的边多，在○内填上"＜"或"＞"。

示例：

(1) (2)
(3)

○ ＜

(1) (2) (3) (4)

✏️ **试一试** 先数一数每组图形各有几条边，然后在○内填上"＜"或"＞"。

第一组： ( ) ( ) ○ ( )

第二组： ○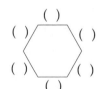

第三组： ( ) 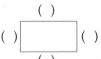 ( ) ○

小朋友，你都比对了吗？继续画一画，比一比。

学习打卡

你今天学习花了多少时间？
（家长帮忙计时）

A.不到 5 分钟　　B.5~10 分钟　　C.10 分钟以上

你今天练习全做对了吗？

A.全对　　B.仅错一处　　C.错误较多

小朋友，明天我们还要继续学习并打卡！

今天能得几颗星？把星星涂上你喜欢的颜色，来给自己打分吧！

★ ★ ★ ★ ★

脑王课堂

脑王！脑王！今天我们学什么？

今天咱们继续比一比哪个图形的边更多。先数一数，再填"＜"或"＞"

示例：

☐ ＜ ⬠

试一试

在〇内填上"＜"或"＞"。

第一组：   ▭   〇   △

第二组：   ⬠   〇   △

第三组：   ⬠   〇   ⬡

第四组：   ⬡   〇   ◣

复习

小朋友，你都比对了吗？继续画一画，比一比。

学习打卡

你今天学习花了多少时间？
（家长帮忙计时）

A.不到 5 分钟　　B.5~10 分钟　　C.10 分钟以上

你今天练习全做对了吗？

A.全对　　B.仅错一处　　C.错误较多

小朋友，明天我们还要继续学习并打卡！

今天能得几颗星？把星星涂上你喜欢的颜色，来给自己打分吧！

★ ★ ★ ★ ★

脑王课堂

 脑王！脑王！认识边还有什么好玩的游戏？

有啊，今天我们来做边的加法算术游戏。

 怎么玩？

算一算相同的两个图形加起来一共有几条边。

示例：

(4) + (4) = (8)

✏️ **试一试**　算一算每组中相同的两个图形加起来共有几条边。

(1)

( )△( )　　( )△( )
　( )　　　　( )

( ) + ( ) = ( )

(2)

( )( )　　( )( )
⬠　　　　⬠
( )( )　( )( )
　( )　　　　( )

( ) + ( ) = ( )

(3)

　( )　　　　( )
( )□( )　( )□( )
　( )　　　　( )

( ) + ( ) = ( )

(4)

　( )　　　　( )
( )⬡( )　( )⬡( )
( )( )　( )( )
　( )　　　　( )

( ) + ( ) = ( )

小朋友，你都做对了吗？如果有不熟练的地方，请继续练一练。

学习打卡

你今天学习花了多少时间？
（家长帮忙计时）

 A. 不到 5 分钟　　 B. 5~10 分钟　　 C. 10 分钟以上

你今天练习全做对了吗？

 A. 全对　　 B. 仅错一处　　 C. 错误较多

小朋友，明天我们还要继续学习并打卡！

今天能得几颗星？把星星涂上你喜欢的颜色，来给自己打分吧！

★ ★ ★ ★ ★

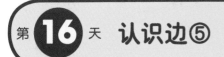

脑王课堂

脑王！脑王！今天我们玩什么游戏？

今天我们来算一算不同的两个图形加起来一共有几条边。

示例：

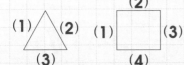

　　(3)　+　(4)　=　(7)

✏️ **试一试**　算一算每组中不同的两个图形加起来共有几条边。

(1)

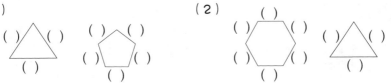

( )　+　( )　=　( )

(2)

( )　+　( )　=　( )

(3)

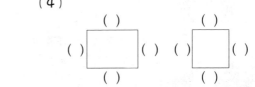

( )　+　( )　=　( )

(4)

( )　+　( )　=　( )

小朋友，你都做对了吗？继续数一数，算一算。

复习

学习打卡

你今天学习花了多少时间？
（家长帮忙计时）

 A.不到 5 分钟　　 B.5~10 分钟　　 C.10 分钟以上

你今天练习全做对了吗？

 A.全对　　B.仅错一处　　C.错误较多

 小朋友，明天我们还要继续学习并打卡！

今天能得几颗星？把星星涂上你喜欢的颜色，来给自己打分吧！

_____ 月

_____ 日

脑王课堂

 脑王！脑王！今天我们玩什么新游戏？

今天我们来算一算不同的三个图形加起来共有几条边。

示例： （ **10** ）

✏️ **试一试**　把每组中三个图形加起来的边数写在（　）内。

第一组：

 （　）

第二组：

 （　）

第三组：

 （　）

第四组：

 （　）

第五组：

 （　）

第六组：

 （　）

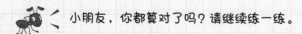 小朋友，你都算对了吗？请继续练一练。

学习打卡

你今天学习花了多少时间？
（家长帮忙计时）

A. 不到 5 分钟   B. 5~10 分钟   C. 10 分钟以上

你今天练习全做对了吗？

A. 全对   B. 仅错一处   C. 错误较多

小朋友，明天我们还要继续学习并打卡！

今天能得几颗星？把星星涂上你喜欢的颜色，来给自己打分吧！

☆ ☆ ☆ ☆ ☆

脑王课堂

 脑王！脑王！"边"还有什么新游戏吗？

 今天我们根据算式画图形。根据给出的算式，画出合适的图形组合。

示例：　**3 + 5 = (　　)**

 共（ 8 ）条边

试一试　根据下列给出的算术题画出合适的图形组合。

4 + 4 = (　　)

 共（　　）条边

3 + 4 = (　　)

共（　　）条边

5 + 5 = (　　)

 共（　　）条边

3 + 3 + 4 = (　　)

 共（　　）条边

小朋友，你都答对了吗？如果有错题，请继续练一练。

学习打卡

你今天学习花了多少时间？
（家长帮忙计时）

 A.不到 5 分钟   B.5~10 分钟   C.10 分钟以上

你今天练习全做对了吗？

 A.全对 B.仅错一处   C.错误较多

小朋友，明天我们还要继续学习并打卡！

今天能得几颗星？把星星涂上你喜欢的颜色，来给自己打分吧！

★★★★★

脑王测试

 脑王！脑王！今天我们玩
什么新游戏啊？

又到闯关挑战环节了。

 我随时准备接受挑战，我
会加油的！

 试一试　请按照题目要求进行答题。

（1）数一数，比一比，下列哪个图形的边多，请在○内填上"＜"或者"＞"。

（2）算一算，下列三个图形加起来一共有多少条边。

 共（　　）条边

（3）仔细观察算术等式，在空白框内画上相应的图形。

3 + 4 = （　　）

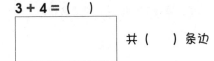 共（　　）条边

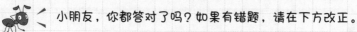 小朋友，你都答对了吗？如果有错题，请在下方改正。

学习打卡

你今天学习花了多少时间？
（家长帮忙计时）

A. 不到 5 分钟　　B. 5~10 分钟　　C. 10 分钟以上

你今天练习全做对了吗？

A. 全对　　B. 仅错一处　　C. 错误较多

小朋友，明天我们还要继续学习并打卡！

今天能得几颗星？把星星涂上你喜欢的颜色，来给自己打分吧！

★ ★ ★ ★ ★

评级证书

—三级—

（图形真好玩）

_____ 同学：

　　祝贺你在"图形真好玩12～19天"学习

中，坚持练习并且通过了测试！

　　请你以"小脑王"为目标，继续努力！

　　　　　　　　　　年　　月　　日

数学评测官　　杨易

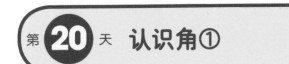

第 **20** 天 **认识角①**

_____ 月

_____ 日

脑王课堂

脑王! 脑王! 测试挑战已经成功, 接下来我们玩什么数学游戏?

今天我们来认识角, 角也是图形的重要组成部分。请数一数示例中的图形有几个角。

示例:

三角形一共有（3）个角。

试一试 快来数一数, 下列图形各有多少个角? 并将答案写在（　）内。

(1)

长方形一共有（　）个角。

(2)

正方形一共有（　）个角。

(3)

五边形一共有（　）个角。

(4)

六边形一共有（　）个角。

小朋友，你都数对了吗？继续画一画，数一数。

学习打卡

你今天学习花了多少时间？
（家长帮忙计时）

 A. 不到 5 分钟　 B. 5~10 分钟　 C. 10 分钟以上

你今天练习全做对了吗？

 A. 全对　　B. 仅错一处　 C. 错误较多

小朋友，明天我们还要继续学习并打卡！

今天能得几颗星？把星星涂上你喜欢的颜色，来给自己打分吧！

☆ ☆ ☆ ☆ ☆

第 **21** 天 认识角②

_____ 月

_____ 日

脑王课堂

脑王！脑王！今天我们玩什么数学游戏啊？

比一比哪个图形的角更多，在○内填上"＜"或"＞"。

示例：

试一试

先数一数，再在○内填上"＜"或"＞"。

第一组：

第二组：

第三组：

第四组：

047

小朋友，你都答对了吗？继续比一比，练一练。

学习打卡

你今天学习花了多少时间？
（家长帮忙计时）

 A.不到 5 分钟　　 B.5~10 分钟　　 C.10 分钟以上

你今天练习全做对了吗？

 A.全对　　B.仅错一处　　 C.错误较多

小朋友，明天我们还要继续学习并打卡！

今天能得几颗星？把星星涂上你喜欢的颜色，来给自己打分吧！

★★★★★

脑王课堂

 脑王！脑王！今天我们玩什么数学游戏？

直接比一比不同图形的角的数量，并在○内填上"＜"或"＞"。

示例：　　　

试一试　比一比，然后参照示例在○内填上"＜"或"＞"。

第一组：　　　

第二组：　　　

第三组：　　　

第四组：

小朋友，你都做对了吗？继续数一数，练一练。

学习打卡

你今天学习花了多少时间？
（家长帮忙计时）

A. 不到 5 分钟　　B. 5~10 分钟　　C. 10 分钟以上

你今天练习全做对了吗？

A. 全对　　　　B. 仅错一处　　C. 错误较多

小朋友，明天我们还要继续学习并打卡！

今天能得几颗星？把星星涂上你喜欢的颜色，来给自己打分吧！

☆ ☆ ☆ ☆ ☆

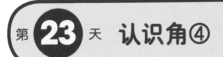
脑王课堂

 脑王！脑王！关于角还有别的新玩法吗？

 数一数下面两个图形一共有多少个角，然后在（ ）内填上合适的数，并完成加法计算。

示例：

（ 4 ） + （ 4 ） = （ 8 ）

✏️ **试一试** 数一数，在（ ）内填上合适的数，完成加法计算。

（1）

（ ） + （ ） = （ ）

（2）

（ ） + （ ） = （ ）

（3）

（ ） + （ ） = （ ）

（4）

（ ） + （ ） = （ ）

小朋友，你都做对了吗？继续数一数，练一练。

学习打卡

你今天学习花了多少时间？
（家长帮忙计时）

 A. 不到 5 分钟　 B. 5~10 分钟　 C. 10 分钟以上

你今天练习全做对了吗？

 A. 全对　B. 仅错一处　 C. 错误较多

 小朋友，明天我们还要继续学习并打卡！

今天能得几颗星？把星星涂上你喜欢的颜色，来给自己打分吧！

☆ ☆ ☆ ☆ ☆

脑王课堂

 脑王！脑王！今天数学游戏有什么新玩法吗？

有啊，今天我们来算一算两个不同的图形加起来一共有几个角。

示例：

（ **3** ） ＋ （ **4** ） ＝ （ **7** ）

试一试 数一数，在（ ）内填上合适的数，完成加法计算。

（1）

（ ） ＋ （ ） ＝ （ ）

（2）

（ ） ＋ （ ） ＝ （ ）

（3）

（ ） ＋ （ ） ＝ （ ）

（4）

（ ） ＋ （ ） ＝ （ ）

小朋友，你都算对了吗？继续数一数，算一算。

复习

学习打卡

你今天学习花了多少时间？
（家长帮忙计时）

A. 不到 5 分钟   B. 5~10 分钟   C. 10 分钟以上

你今天练习全做对了吗？

A. 全对   B. 仅错一处   C. 错误较多

小朋友，明天我们还要继续学习并打卡！

今天能得几颗星？把星星涂上你喜欢的颜色，来给自己打分吧！

★ ★ ★ ★ ★

第 **25** 天 认识角⑥

_____ 月

_____ 日

脑王课堂

 脑王！脑王！今天我们玩什么数学游戏？

今天继续做角的加法计算，直接在（ ）内写出三个图形共有多少个角。

示例：   共有（ **10** ）个角

 试一试　　请在（ ）内写出每组图形中共有多少个角。

（1）　□ □ △　　共有（　）个角

（2）　⬠ △ □　　共有（　）个角

（3）　⬡ △ △　　共有（　）个角

（4）　 　　共有（　）个角

小朋友，你都算对了吗？继续数一数，算一算。

学习打卡

你今天学习花了多少时间？
（家长帮忙计时）

A. 不到 5 分钟　　B. 5~10 分钟　　C. 10 分钟以上

你今天练习全做对了吗？

A. 全对　　B. 仅错一处　　C. 错误较多

小朋友，明天我们还要继续学习并打卡！

今天能得几颗星？把星星涂上你喜欢的颜色，来给自己打分吧！

☆ ☆ ☆ ☆ ☆

第 **26** 天 认识角⑦

脑王课堂

 脑王！脑王！今天我们玩什么数学游戏呢？

我会给出一个算式，请按照要求画出对应的图形并完成计算。

示例： **3 + 5 =** （   ）

  共（ 8 ）个角

试一试 请在□内画上合适的图形，在（   ）内填上合适的数。

（1）

4 + 4 = （   ）

共（   ）个角

（2）

3 + 4 = （   ）

共（   ）个角

（3）

5 + 6 = （   ）

共（   ）个角

（4）

4 + 6 = （   ）

共（   ）个角

小朋友，你都做对了吗？继续画一画，练一练。

学习打卡

你今天学习花了多少时间？
（家长帮忙计时）

A. 不到 5 分钟　　B. 5~10 分钟　　C. 10 分钟以上

你今天练习全做对了吗？

A. 全对　　B. 仅错一处　　C. 错误较多

小朋友，明天我们还要继续学习并打卡！

今天能得几颗星？把星星涂上你喜欢的颜色，来给自己打分吧！

脑王测试

 脑王！脑王！是不是又到了闯关测试挑战环节？

猜对了！这次闯关测试挑战和角相关，要认真读题哦！

 我已经做好接受挑战的准备了！

 试一试 请按照题目要求进行答题。

(1) 数一数，比一比，哪个图形的角多，并在○内填上"＜"或者"＞"。

(2) 数一数，两个相同的图形一共有几个角，并完成加法计算。

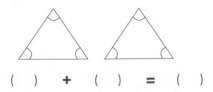

( )　　＋　　( )　　＝　　( )

(3) 请在框内画上合适的图形，在 ( ) 内写出共有多少个角。

4 + 6 = ( )

共 ( ) 个角

小朋友，你都答对了吗？如果有错题，请在下方改正。

学习打卡

你今天学习花了多少时间？
（家长帮忙计时）

A. 不到 5 分钟　　B. 5~10 分钟　　C. 10 分钟以上

你今天练习全做对了吗？

A. 全对　　B. 仅错一处　　C. 错误较多

小朋友，明天我们还要继续学习并打卡！

今天能得几颗星？把星星涂上你喜欢的颜色，来给自己打分吧！

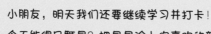

评级证书

四级

（图形真好玩）

————— 同学：

祝贺你在"图形真好玩20~27天"学习

中，坚持练习并且通过了测试！

请你以"小脑王"为目标，继续努力！

年　　月　　日

数学评测官　　杨易

脑王课堂

 脑王！脑王！前面我都已经顺利闯关了，今天学什么新知识？

恭喜顺利闯关！今天我们一起来找规律！

 怎么找图形的规律呢？

请仔细观察，图形的数量是不是发生变化了呢？在空白的地方画上合适的图形。

示例：　　　　　

✏️ 试一试　请找出下列习题中图形的规律，在□内画上相应的图形。

第一组：

第二组：

第三组：

第四组：

小朋友，你都做对了吗？试着画几组有规律的图形。

学习打卡

你今天学习花了多少时间？
（家长帮忙计时）

A. 不到 5 分钟　　B. 5~10 分钟　　C. 10 分钟以上

你今天练习全做对了吗？

A. 全对　　B. 仅错一处　　C. 错误较多

小朋友，明天我们还要继续学习并打卡！

今天能得几颗星？把星星涂上你喜欢的颜色，来给自己打分吧！

☆ ☆ ☆ ☆ ☆

第**29**天 找规律②

_____月

_____日

脑王课堂

 脑王！脑王！今天我们学什么？

我们今天继续练习找规律，请注意图形之间的规律哦！

试一试 请找出下列各组图形的规律，并在□内画上相应数量的图形。

第一组：

第二组：

第三组：

第四组：

065

小朋友，你都做对了吗？继续画一画，练一练。

学习打卡

你今天学习花了多少时间？
（家长帮忙计时）

A. 不到 5 分钟　　B. 5~10 分钟　　C. 10 分钟以上

你今天练习全做对了吗？

A. 全对　　　　B. 仅错一处　　C. 错误较多

小朋友，明天我们还要继续学习并打卡！

今天能得几颗星？把星星涂上你喜欢的颜色，来给自己打分吧！

☆ ☆ ☆ ☆ ☆

第 **30** 天 找规律③

_____ 月
_____ 日

脑王课堂

 脑王！脑王！今天我们玩什么新游戏？

今天我们要一起找出图形之间变换的规律，看看示例中的正方形与三角形是不是在交替出现呀？

示例：

 请找出下列各组图形的规律，并在□内画出相应的图形。

第一组：

第二组：

第三组：

第四组：

小朋友，你都画对了吗？继续画一画，练一练。

学习打卡

你今天学习花了多少时间？
（家长帮忙计时）

A. 不到 5 分钟　　B. 5~10 分钟　　C. 10 分钟以上

你今天练习全做对了吗？

A. 全对　　B. 仅错一处　　C. 错误较多

小朋友，明天我们还要继续学习并打卡！

今天能得几颗星？把星星涂上你喜欢的颜色，来给自己打分吧！

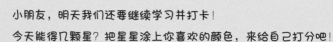

脑王课堂

 脑王！脑王！今天我们玩什么数学游戏？

今天继续玩找规律游戏。我们一边说说每组图形的变换有什么规律，一边画出缺少的图形吧！

示例：

试一试 找出下列图形的规律，并画出答案。

第一组：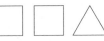

第二组：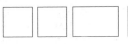

第三组：

小朋友，你都做对了吗？继续画一画，练一练吧！

你今天学习花了多少时间？
（家长帮忙计时）

A. 不到 5 分钟　　B. 5~10 分钟　　C. 10 分钟以上

你今天练习全做对了吗？

A. 全对　　B. 仅错一处　　C. 错误较多

小朋友，明天我们还要继续学习并打卡！

今天能得几颗星？把星星涂上你喜欢的颜色，来给自己打分吧！

☆ ☆ ☆ ☆ ☆

第 32 天 找规律⑤

_____ 月
_____ 日

脑王课堂

 脑王！脑王！今天继续玩找图形规律的游戏吗？

对，今天是三种图形之间的变换规律，请仔细观察，然后画出正确的图形吧！

示例： □ △ □ □ △ □ ┊ □ △ □ ┊

试一试 请找出下列各组图形的规律，并在□内画上相应的图形。

第一组：

第二组：

第三组：

小朋友，你都做对了吗？继续画一画，练一练吧！

学习打卡

你今天学习花了多少时间？
（家长帮忙计时）

A. 不到 5 分钟　　B. 5~10 分钟　　C. 10 分钟以上

你今天练习全做对了吗？

A. 全对　　　　B. 仅错一处　　C. 错误较多

小朋友，明天我们还要继续学习并打卡！

今天能得几颗星？把星星涂上你喜欢的颜色，来给自己打分吧！

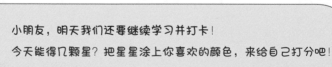

脑王测试

 脑王！脑王！今天是不是要进行闯关测试挑战了？

 我已经准备好了，并且会好好接受挑战的！

猜对了！这次闯关测试主要是眼力大比拼，快来找找各种图形的规律吧！

试一试　请找出各组图形的规律。

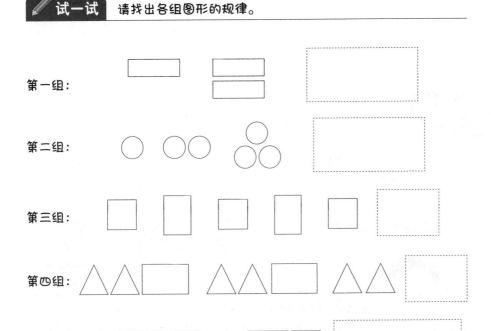

第一组：

第二组：

第三组：

第四组：

第五组：

（画出一组三个图形）

小朋友，你都答对了吗？如果有错题，请在下方改正。

总结

学习打卡

你今天学习花了多少时间？
（家长帮忙计时）

A. 不到 5 分钟   B. 5~10 分钟   C. 10 分钟以上

你今天练习全做对了吗？

A. 全对   B. 仅错一处   C. 错误较多

小朋友，明天我们还要继续学习并打卡！

今天能得几颗星？把星星涂上你喜欢的颜色，来给自己打分吧！

★ ★ ★ ★ ★

评级证书

—— 五级 ——

(图形真好玩)

_____ 同学：

祝贺你在"图形真好玩28～33天"学习

中，坚持练习并且通过了测试！

请你以"小脑王"为目标，继续努力！

年　　月　　日

数学评测官　　杨易

脑王课堂

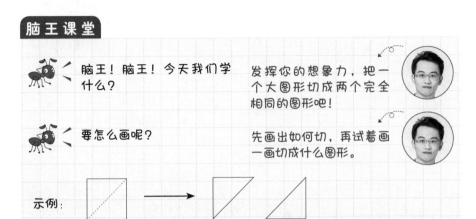

脑王！脑王！今天我们学什么？

发挥你的想象力，把一个大图形切成两个完全相同的图形吧！

要怎么画呢？

先画出如何切，再试着画一画切成什么图形。

示例：

✏ **试一试**　将下列图形切分成单个的图形。

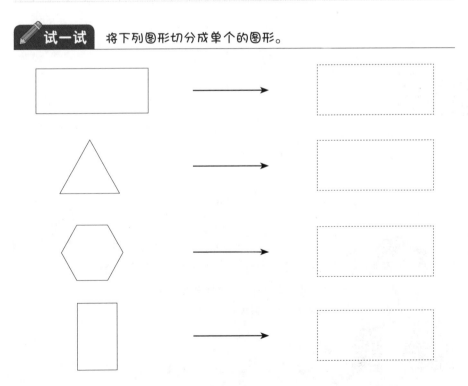

小朋友，你都做对了吗？继续分一分，画一画。

学习打卡

你今天学习花了多少时间？
（家长帮忙计时）

A. 不到 5 分钟　　B. 5~10 分钟　　C. 10 分钟以上

你今天练习全做对了吗？

A. 全对　　　　B. 仅错一处　　　C. 错误较多

 小朋友，明天我们还要继续学习并打卡！

今天能得几颗星？把星星涂上你喜欢的颜色，来给自己打分吧！

_____ 月

_____ 日

脑王课堂

脑王！脑王！图形切分还有什么新玩法吗？

有呀，今天我们要玩一种新玩法。将左边的图形进行切分，变成右边的图形。

示例：

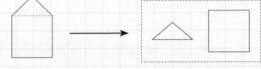

✏️ **试一试**　将下列图形进行切分，并在□内画出切分后的图形。

小朋友，你都做对了吗？继续分一分，练一练。

学习打卡

你今天学习花了多少时间？
（家长帮忙计时）

 A. 不到 5 分钟　　 B. 5~10 分钟　　 C. 10 分钟以上

你今天练习全做对了吗？

 A. 全对　　 B. 仅错一处　　 C. 错误较多

小朋友，明天我们还要继续学习并打卡！

今天能得几颗星？把星星涂上你喜欢的颜色，来给自己打分吧！

★★★★★

脑王课堂

脑王！脑王！今天我们玩什么？

今天来玩拼图游戏！发挥你的想象力，再画一个相同的图形拼起来，变成一个新的大图形。

示例：

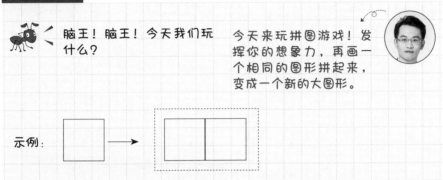

试一试　把给出的图形复制一个，拼成另外一个图形。

小朋友，你都拼对了吗？继续拼一拼，练一练。

学习打卡

你今天学习花了多少时间？
（家长帮忙计时）

A. 不到 5 分钟　　B. 5~10 分钟　　C. 10 分钟以上

你今天练习全做对了吗？

A. 全对　　　　B. 仅错一处　　　C. 错误较多

小朋友，明天我们还要继续学习并打卡！

今天能得几颗星？把星星涂上你喜欢的颜色，来给自己打分吧！

☆☆☆☆☆

脑王测试

 脑王！脑王！今天我们玩什么游戏？

今天来做一个小测试，巩固一下前面学习的知识。

 测试开始了，加油！加油！

 请按照提示完成测试。

	切分图形 →	
△		

| | 切分图形 → | |
| ⬡ | | |

| | 切分图形 → | |
| ▱ | | |

| | 切分图形 → | |
| ▭ | | |

| | 复制拼接成新图形 → | |
| ◻ | | |

小朋友，你都做对了吗？如果有错题，请在下方改正。

总结

学习打卡

你今天学习花了多少时间？
（家长帮忙计时）

A. 不到 5 分钟　　B. 5~10 分钟　　C. 10 分钟以上

你今天练习全做对了吗？

A. 全对　　B. 仅错一处　　C. 错误较多

小朋友，明天我们还要继续学习并打卡！

今天能得几颗星？把星星涂上你喜欢的颜色，来给自己打分吧！

★★★★★

评级证书

— 六级 —

（图形真好玩）

_____ 同学：

祝贺你在"图形真好玩34~37天"学习

中，坚持练习并且通过了测试！

请你以"小脑王"为目标，继续努力！

年　　月　　日

数学评测官　　杨易

脑王课堂

 脑王！脑王！今天我们学什么？

今天我们认识一个新的图形——圆形。

 太好了，终于又可以认识新朋友了。

圆形在我们的生活中处处可见，太阳、车轮等都是圆形的。

示例：

✏️ **试一试** 在下面各组图形中找出圆形，并将它圈出来。

第一组：

第二组：

第三组：

第四组：

小朋友，你都圈对了吗？试着画出一些圆形吧！选出一个画得最标准的。

学习打卡

你今天学习花了多少时间？
（家长帮忙计时）

A. 不到 5 分钟　　B. 5~10 分钟　　C. 10 分钟以上

你今天练习全做对了吗？

A. 全对　　　　B. 仅错一处　　　C. 错误较多

小朋友，明天我们还要继续学习并打卡！

今天能得几颗星？把星星涂上你喜欢的颜色，来给自己打分吧！

★ ★ ★ ★ ★

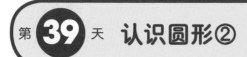

_____ 月

_____ 日

脑王课堂

脑王！脑王！圆形是很奇妙的图形！

是呀！生活中有很多东西都是圆形的，在下面图案中圈出圆形的物品。

示例：

✏️ **试一试**　在每组不同的图案中找出圆形或带有圆形的物品并圈出来。

第一组：　　　　　　　

第二组：　　　　　　　

第三组：　　　　　　　

第四组：　　　

小朋友，你都圈对了吗？画一画你在生活中见过的圆形的东西吧！

学习打卡

你今天学习花了多少时间？
（家长帮忙计时）

A. 不到 5 分钟   B. 5~10 分钟   C. 10 分钟以上

你今天练习全做对了吗？

A. 全对   B. 仅错一处   C. 错误较多

 小朋友，明天我们还要继续学习并打卡！

今天能得几颗星？把星星涂上你喜欢的颜色，来给自己打分吧！

⭐ ⭐ ⭐ ⭐ ⭐

脑王课堂

脑王！脑王！今天我们玩什么游戏呀？

今天来画一画圆形。用手画圆有难度，沿着虚线画就容易多了。

试一试 按照脑王的方法画出圆形。

小朋友，圆画得好吗？试着用硬币等小工具辅助来画个圆吧！

学习打卡

你今天学习花了多少时间？
（家长帮忙计时）

A.不到 5 分钟   B.5~10 分钟   C.10 分钟以上

你今天练习全做对了吗？

A.全对   B.仅错一处   C.错误较多

小朋友，明天我们还要继续学习并打卡！

今天能得几颗星？把星星涂上你喜欢的颜色，来给自己打分吧！

★ ★ ★ ★ ★

脑王课堂

脑王！脑王！今天我们学什么呀？

今天我们来数一数圆形。先把屋子里的圆形物品圈出来，再数一数有多少个圆形。

小朋友，你都做对了吗？继续圈一圈，数一数。

学习打卡

你今天学习花了多少时间？
（家长帮忙计时）

A. 不到 5 分钟　　B. 5~10 分钟　　C. 10 分钟以上

你今天练习全做对了吗？

A. 全对　　B. 仅错一处　　C. 错误较多

小朋友，明天我们还要继续学习并打卡！

今天能得几颗星？把星星涂上你喜欢的颜色，来给自己打分吧！

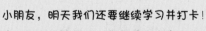

脑王测试

 脑王！脑王！今天我们玩什么新游戏啊？

 今天做一个闯关测试挑战，考考你是否已经真正认识圆形了。

 好呀，已经准备好接受挑战了！

✏️ **试一试**　请圈出下列各组图形中的圆形。

第一组：

第二组：

第三组：

第四组：

小朋友，你都做对了吗？如果有错题，请在下方改正。

学习打卡

你今天学习花了多少时间？
（家长帮忙计时）

A. 不到 5 分钟　　B. 5~10 分钟　　C. 10 分钟以上

你今天练习全做对了吗？

A. 全对　　　　B. 仅错一处　　C. 错误较多

小朋友，明天我们还要继续学习并打卡！

今天能得几颗星？把星星涂上你喜欢的颜色，来给自己打分吧！

评级证书

七级

（图形真好玩）

——————— 同学：

祝贺你在"图形真好玩38～42天"学习

中，坚持练习并且通过了测试！

请你以"小脑王"为目标，继续努力！

年　　月　　日

数学评测官　　杨易

脑王课堂

 脑王！脑王！今天我们玩什么数学游戏？

 今天我们来玩找规律的游戏。仔细观察，在□内画出相应数量的圆形。

示例：

试一试　在□内画出相应数量的圆形。

第一组：

第二组：

第三组：

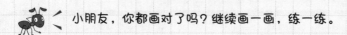 小朋友，你都画对了吗？继续画一画，练一练。

学习打卡

你今天学习花了多少时间？
（家长帮忙计时）

A. 不到 5 分钟　　B. 5~10 分钟　　C. 10 分钟以上

你今天练习全做对了吗？

A. 全对　　　　B. 仅错一处　　　　C. 错误较多

 小朋友，明天我们还要继续学习并打卡！

今天能得几颗星？把星星涂上你喜欢的颜色，来给自己打分吧！

⭐⭐⭐⭐⭐

_____ 月

_____ 日

脑王课堂

 脑王！脑王！今天我们玩什么新游戏？

 今天继续来玩找图形规律的游戏。这次会将圆形和别的图形放在一起，这样更考验观察力。

 有难度才更有挑战，我会加油的！

示例：○ □ △ ○ □ △ ○ □ △ [○]

✏️ 试一试　找一找规律，在□内画上合适的图形。

第一组

○ □ ⬠ ○ □ ⬠ ○ □ ⬠ [ ]

第二组

□ ○ △ □ ○ △ □ ○ △ [ ]

第三组

○ ○ □ ○ ○ □ ○ ○ □ [ ]

第四组

△ ○ △ △ ○ △ △ ○ △ [ ]

第五组

□ ⬠ ○ □ ⬠ ○ □ ⬠ ○ [ ]

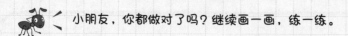 小朋友，你都做对了吗？继续画一画，练一练。

学习打卡

你今天学习花了多少时间？
（家长帮忙计时）

 A. 不到 5 分钟　　 B. 5~10 分钟　　 C. 10 分钟以上

你今天练习全做对了吗？

 A. 全对　　B. 仅错一处　　 C. 错误较多

小朋友，明天我们还要继续学习并打卡！

今天能得几颗星？把星星涂上你喜欢的颜色，来给自己打分吧！

★ ★ ★ ★ ★

第 **45** 天　　**找规律③**

　　　　　　　　　　　　　　　　　　　　　　　　_____ 月

　　　　　　　　　　　　　　　　　　　　　　　　_____ 日

脑王课堂

 脑王！脑王！找规律还有什么新玩法？

有啊，今天继续提升难度，快来挑战吧！

 怎么提升难度？

今天我们挑战的不是单个图形的组合，而是叠加的图形。

 请在□内画上合适的图形。

第一组　　　　

第二组　　　　

第三组　

第四组　　　　

第四组

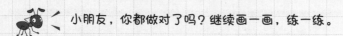

复习

小朋友，你都做对了吗？继续画一画，练一练。

学习打卡

你今天学习花了多少时间？
（家长帮忙计时）

A. 不到 5 分钟　　B. 5~10 分钟　　C. 10 分钟以上

你今天练习全做对了吗？

A. 全对　　　B. 仅错一处　　　C. 错误较多

小朋友，明天我们还要继续学习并打卡！

今天能得几颗星？把星星涂上你喜欢的颜色，来给自己打分吧！

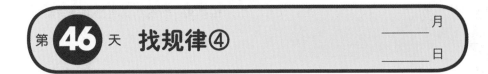

脑王课堂

脑王！脑王！今天我们玩什么数学游戏？

今天继续玩找规律的游戏，这次你来当老师，把不符合排列规律的图形圈出来。

示例：

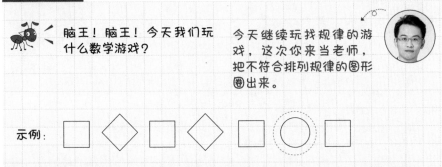

✏️ **试一试** 把每组中不符合排列规律的图形圈出来。

（1）☆ ○ ☽ ☆ ○ ☽ ☆ ○ ☽

（2）△ ⬠ ⬠ ☐ △ ⬠ ⬠ ☐ △ △ ⬠ ☐

（3）▭ ◇ ▭ ▭ ◇ ▭ ▭ ◇ ◇ ◇ ◇ ▭

（4）⬤ ○ ⬤ ○ ⬤ ⬤ ⬤ ⬤ ⬤

（5）▭ ☐☐ ⑧ ☐ ☐☐ ⑧ ☐ ☐☐ ⑧

105

小朋友，你都圈对了吗？自己试着画一些有规律的图形进行排列吧！

学习打卡

你今天学习花了多少时间？
（家长帮忙计时）

A.不到 5 分钟　　B.5~10 分钟　　C.10 分钟以上

你今天练习全做对了吗？

A.全对　　B.仅错一处　　C.错误较多

小朋友，明天我们还要继续学习并打卡！

今天能得几颗星？把星星涂上你喜欢的颜色，来给自己打分吧！

脑王测试

 脑王！脑王！今天我们玩 今天做一个闯关测试挑
什么新游戏啊？ 战吧，考考你是否已经
学会找规律了。

 好呀！我已经准备好接受挑战了。

试一试 ⬛出不符合规律的一组图形，并在□中进行改正。

(1)

(2)

(3)

(4)

(5)

小朋友，你都做对了吗？如果有错题，请在下方改正。

学习打卡

你今天学习花了多少时间？
（家长帮忙计时）

A. 不到 5 分钟　　B. 5~10 分钟　　C. 10 分钟以上

你今天练习全做对了吗？

A. 全对　　B. 仅错一处　　C. 错误较多

小朋友，明天我们还要继续学习并打卡！

今天能得几颗星？把星星涂上你喜欢的颜色，来给自己打分吧！

⭐⭐⭐⭐⭐

评级证书

八级

（图形真好玩）

_____ 同学：

祝贺你在"图形真好玩43～47天"学习

中，坚持练习并且通过了测试！

请你以"小脑王"为目标，继续努力！

年　　月　　日

数学评测官　　杨易